Maria-Regina Altmeyer

Das fliegende Kinderzimmer

frechverlag

Fotos: frechverlag GmbH & Co. Druck KG, Fotostudio Ullrich & Co., Renningen

Auflage: 6. 5. | Letzte Zahlen
Jahr: 1998 97 96 | maßgebend

ISBN 3-7724-1868-6 · Best.-Nr. 1868
Druck: frechverlag GmbH + Co. Druck KG, D-70499 Stuttgart

Vorwort

Hampelmänner und Schwingfiguren bringen Bewegung ins Haus!

Wer mag sie nicht, die lustig mit den Armen
und Beinen zappelnden Gesellen,
und wer kann sich dem Reiz des sanften Auf
und Ab einer Schwingfigur entziehen.

Und dabei ist es so einfach:
Ein leichter Zug genügt und der Hampelmann
schlenkert mit seinen Armen,
die Schwingfigur gleitet beinahe schwerelos
durch die Luft.
Mit Moosgummi gibt es nun den idealen
Werkstoff, um mühelos die schönsten
Hampel- und Schwingfiguren zu basteln.
Moosgummi ist weich und elastisch,
dabei doch stabil, und leicht zu schneiden.
Seine leuchtenden Farben sind wie geschaffen
für bunte, fröhliche Clowns und Tiere.
Hängen Sie den Bären im Mond oder das
Sandmännchen übers Kinderbett,
und Ihr Kind wird freudig einschlafen.
Und da Moosgummi auch wasserfest ist,
können die Figuren sogar in Ihrem
Badezimmer einen farbenfrohen
Blickpunkt bilden.

Material

Für die Industrie entwickelt, hält Moosgummi nun auch Einzug in den Bastelbereich. Moosgummi ist ein leichtes, weiches und äußerst biegsames Material. Es ist farbecht und bleicht nicht aus. Da es auch wasserfest ist, lassen sich Figuren aus Moosgummi einfach mit etwas Wasser reinigen.
Im Fachhandel wird Moosgummi in bunten Platten in den Größen DIN A6 bis DIN A3 angeboten. Die Platten gibt es in Stärken von 1-4 mm bzw. 8 mm. Für die Hampel- und Schwingfiguren wird überwiegend die Stärke 2 mm benötigt.

Weiteres Material

Transparent- oder Butterbrotpapier und Tonpapier oder -karton zur Herstellung und zum Übertragen der Schablonen, Bleistift.
Schneidewerkzeuge: mittelgroße, spitze Schere, eventuell Nagelschere, Cutter, Zackenschere.
Schneideunterlage, eventuell dikker, fester Karton zum Schutz der Arbeitsfläche.
Klebstoffe: UHU-Alleskleber-Kraft; Sekunden- oder Heißkleber (diese Klebstoffe sind nicht für Kinder geeignet! Bitte nur unter Aufsicht von Erwachsenen verwenden).
Lochzange zum Ausstanzen der Verbindungslöcher; Musterklammern, um die Hampelfiguren zusammenzustecken.
Bastel- bzw. Plakatfarbe, wasserfeste Filzstifte für Verzierungen.
Nylonfaden oder anderer reißfester Faden zum Verbinden der Schwingfiguren bzw. zur Befestigung an den Rundholzstäben, Bildaufhänger für die Hampelfiguren.
Dekoration: Wackelaugen, Wäschespitze aus Baumwolle, Baumwollband, Schleifenband, Holzperlen, Metallglöckchen, Fell-, Stoff- und Lederreste.

Schablonen erstellen

Transparent- bzw. Butterbrotpapier auf das gewünschte Muster des Vorlagenbogens legen, und das Motiv mit einem spitzen Bleistift nachzeichnen.
Die abgepauste Zeichnung auf ein Stück Tonkarton oder -papier kleben.
Das Motiv ausschneiden. Anschließend die Tonkartonschablone auf das Moosgummi legen und mit einem Bleistift die Konturen umranden.
Bei dunklen Farben sollten Sie für das Umfahren einen weißen Farb- bzw. Kreidestift verwenden.

Motive ausschneiden

Für das Ausschneiden der einzelnen Moosgummiteile sollten je nach Schnittlinie möglichst geeignete Schneidewerkzeuge benutzt werden.

Bei geraden Linien den Cutter einsetzen.
Eine gute Hilfe ist hierbei ein Metallineal oder eine Metallschiene.
Das Lineal wird an der auszuschneidenden Linie ausgerichtet und der Cutter mit leichtem Druck daran entlang gezogen.
Rundungen und Aussparungen werden mit einer kleinen, spitzen Schere ausgeschnitten.
Sehr kleine Wölbungen mit einer Nagelschere bearbeiten.

Die Schnitte bitte möglichst in einem Zug, d.h. ohne abzusetzen durchführen.
So lassen sich am besten unerwünschte Zacken oder Kanten an den verschiedenen Moosgummiteilen vermeiden.

Kleben der Moosgummiteile

Zum Kleben von Moosgummi eignet sich besonders gut UHU-Alleskleber-Kraft.

Den Kleber einseitig auftragen und die zu verbindenden Teile zusammendrücken.
Nach dem Verkleben kann es vorkommen, daß sich die Teile wieder nach oben wölben.
Drücken Sie sie dann nochmals kurz zusammen.
Dabei herausquellender Klebstoff kann mit einem spitzen Gegenstand oder mit dem Fingernagel entfernt werden.

Sekundenkleber oder Heißkleber aus der Klebepistole eignen sich sehr gut für schnelle Verklebungen.

Da das Arbeiten mit diesen Klebemitteln jedoch nicht ungefährlich ist, sollten Sie beim Basteln mit Kindern auf diese Art der Verklebung verzichten.

Verzierungen anbringen

Augen und Gesichtskonturen können mit einem wasserfesten Filzstift aufgetragen werden.
Großflächige Bemalungen mit Bastel- bzw. Plakatfarben durchführen. Allerdings sind diese Farben auf Moosgummi nicht völlig wisch- bzw. wasserfest.
Bei manchen Figuren sind sogenannte Wackelaugen aufgeklebt. Sie sind im Bastelgeschäft in verschiedenen Größen erhältlich. Fellreste eignen sich besonders gut zur Gestaltung der Haare.

Montage und Fadenführung der Hampelfiguren

Mit der Lochzange an den gekennzeichneten Punkten die Verbindungslöcher für die Musterklammern stanzen. Die Löcher für das Zugband entweder mit einer Nadel einstechen oder ebenfalls mit der Lochzange (bei kleinster Einstellung) einstanzen.

Die einzelnen Teile mit den Musterklammern verbinden. Dabei darauf achten, daß die Teile gut aneinander vorbeigleiten können und, falls nötig, die Klammern etwas lockern bzw. fester andrücken. Das Grundprinzip der Fadenführung ist aus **Zeichnung 1** ersichtlich. Je nach gewünschter Hampelfigur kann es zu kleinen Abweichungen kommen. Die Verbindungsfäden werden an den zugehörigen Punkten angeknotet. Der Faden zwischen den jeweiligen Gliedmaßen sollte etwas länger sein als der Abstand zwischen den Armen, Beinen, Flügeln etc., damit noch genügend Spielraum zum Ziehen (Hampeln) der Figur bleibt. Anschließend das senkrechte Zugband in der Mitte zuerst mit dem oberen Verbindungsfaden verknoten, das Band locker zum unteren Faden führen und ebenfalls anknoten. Das Endstück mit Holzperlen oder Moosgummiteilen verzieren. Zum Schluß noch einen Aufhänger an der Hampelfigur ankleben.

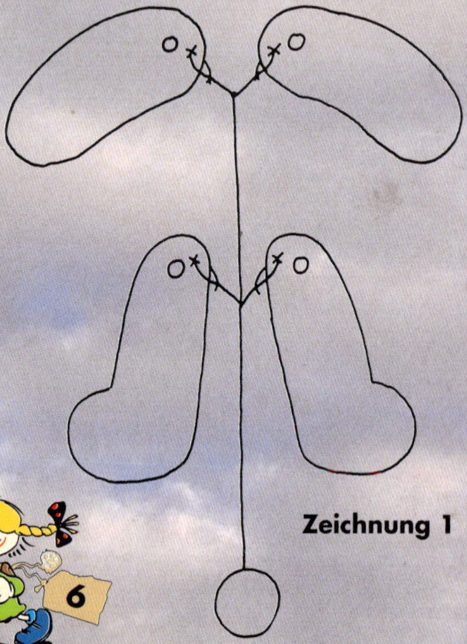

Zeichnung 1

Montage und Fadenführung der Schwingfiguren

Zuerst mit einer Nadel oder einer spitzen Schere an den gekennzeichneten Stellen die Löcher für die Aufhänge- und die Verbindungsfäden einstechen.
Die Schwingflügel gemäß **Zeichnung 2** (Sicht von vorn bzw. hinten) in Form einer Achterschleife mit dem Rumpf verbinden. Dabei zwischen den Verbindungsteilen einen kleinen Zwischenraum einhalten, damit die Teile nicht aneinander reiben und gut schwingen können.
Die Aufhängebänder unterhalb der Flügel bzw. Arme befestigen, nach oben führen und sie jeweils durch eine kleine Holzperle fädeln.
Den so entstandenen doppelten Aufhängefaden an den Enden eines Rundstabes anknoten (siehe **Zeichnung 3**). Die Länge des Rundholzes sollte in etwa der Breite, d.h. der Spannweite der jeweiligen Schwingfigur entsprechen. Das Zugband oberhalb der Schwingflügel bzw. -arme verknoten. Am unteren Ende des Zugbandes Metallglöckchen, Holzperlen oder ähnliches anbringen. Mit diesen Endgewichten die Schwingfigur ausbalancieren. Das beste Schwingergebnis wird erzielt, wenn die Flügel in Ruhestellung fast waagerecht vom Rumpf abstehen. Zum Schluß die Enden der Rundstäbe mit bunten Holzperlen dekorieren.

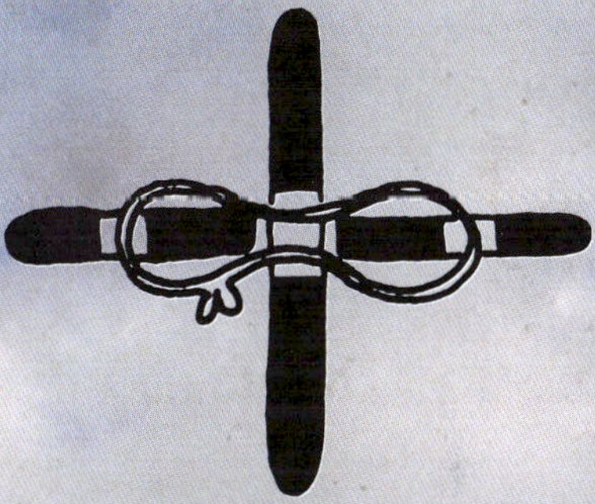

Zeichnung 2

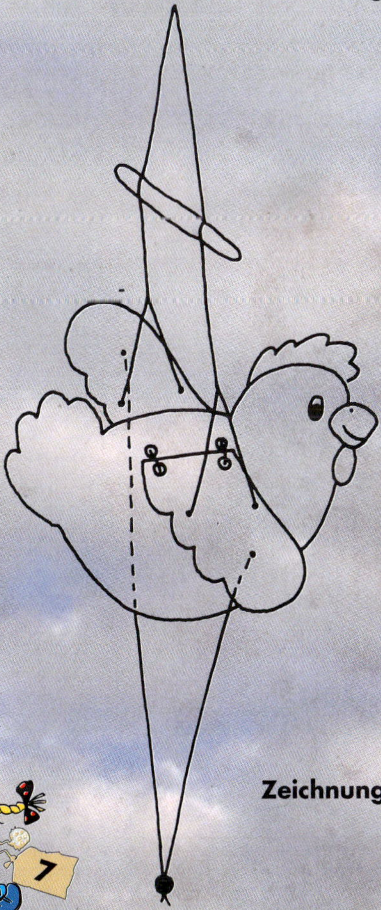

Zeichnung 3

Clown

Arme, Beine, Hose, Hände und Schuhe jeweils doppelt ausschneiden, die übrigen Teile je einmal zuschneiden.

Zu Beginn mit der Lochzange die Löcher für die Musterklammern einstanzen.

Anschließend das Clowngesicht entsprechend der Abbildung bunt bemalen.

Dann die Nase auf das Gesicht kleben. Den Hut plazieren und seitlich einige Fellreste als Haarbüschel anbringen.

Als Dekoration eine kleine Textilblüte auf das Hütchen kleben. Den Kopf an den Oberkörper und die Beine hinter die Hose und die Schuhe kleben.

Die beiden Hände Kante an Kante mit den Armen verkleben. Auf das linke Hosenbein in Kniehöhe das Herz setzen.

Mit den Musterklammern die Arme und die Beine mit dem Oberkörper verbinden.

Das Verbindungs- bzw. Zugband anknoten und am Bandende Holzperlen oder -glöckchen auffädeln.

Zum Schluß ein ca. 25 cm langes Stück Baumwollspitze kräuseln und dem Clown als Kragen umbinden.

Pepe, der Pinguin

Bis auf die Flügel, die zweimal zugeschnitten werden, sämtliche Teile einmal anfertigen.

Zuerst den Bommel in der runden Aussparung an der Mütze anbringen und die Mütze anschließend Kante an Kante mit dem Kopf verkleben.
In der runden Kopflücke den Schnabel einsetzen.
Das Bauchteil mit dem Rumpf Kante an Kante verkleben.
Die Wackelaugen plazieren.
Mit schwarzer Plakatfarbe die Schnabellinie aufzeichnen.
Die Flügellöcher durchstechen und die Flügel mit dem Körper verbinden.

Die Pinguinfüße ankleben.
Nun die Flügel mit dem Rundholz verbinden.
Das Zugband an den Flügeln anbringen.

Aus dünner Wolle einen kleinen Schal stricken.
Den Schal mit Fransen ergänzen und ihn dem Pinguin um den Hals binden.

Zum Schluß das Rundholz und das Zugband mit bunten Holzperlen bzw. kleinen Metallglöckchen versehen.

Dinosaurier

Den Dinosaurierrumpf und die Fliege je einmal, die Beine und die Zehen je doppelt ausschneiden.
Zu Beginn am Dinosaurier und an den beiden Beinen die Löcher für die Verbindungs- bzw. Musterklammern einstanzen.

Etwa in der Halsmitte die Fliege aufkleben und die Wackelaugen am Kopf plazieren. Mit einem schwarzen Filzstift oder Plakatfarbe die Mundkontur, das Nasenloch und die Augenbraue aufzeichnen.

Die Zehen auf die Füße kleben. Das Verbindungsband anknoten und mit den Musterklammern die beiden Beine am Dinosaurier anbringen.

Den Hampeldino mit dem Zugband ergänzen und dieses am unteren Bandende mit mehreren bunten Perlen versehen.

Abendstunde

Bis auf das kreisförmige Zugteil alle Teile je einmal ausschneiden.

Mit der Lochzange an der Wolke, dem Mond und dem Stern die Löcher für die Musterklammern einstanzen.

Mit Bastel- oder Plakatfarbe das Mondgesicht zeichnen und die Halstücher der beiden Bären aufmalen.

Die Wolke Kante an Kante mit der Wiese verkleben.

Dann zunächst den kleinen Bären plazieren.

Anschließend den großen Bären leicht versetzt auf den kleinen Bären und die Wolke bzw. die Wiese kleben.

Die Schwänze fixieren.

Die Verbindungsfäden anknoten und den Mond und den Stern mit den Musterklammern befestigen.

Zum Schluß das Zugband recht nah am Stern anbringen.

Henne Gluck

Die Flügel, die Füße und den roten Kehllappen jeweils zweimal, die übrigen Teile je einmal ausschneiden. Den Schnabel und den Kamm Kante an Kante am Kopf ankleben. Die Kehllappen beidseitig unterhalb des Schnabels anbringen. Die Füße leicht versetzt zueinander fixieren. Anschließend die Wackelaugen aufkleben und die Schnabellinie und das Nasenloch aufzeichnen. Am Körper und an den Flügeln die Verbindungslöcher einstechen. Auf den Rumpf und den Flügeln mit hellgrauer Bastelfarbe die angedeutete Gefiedermusterung aufmalen. Nach dem Trocknen der Farbe die Flügel anbringen. Anschließend den Aufhänge- und den Zugfaden verknoten. Die Perlen auf die Stabenden kleben und am Zugband ein Metallglöckchen anbringen.

Bärenmädchen

Die Arme, die Beine und die Innenohren werden jeweils doppelt zugeschnitten.

Die restlichen Teile je einmal ausschneiden.

Mit der Lochzange die Verbindungslöcher für die Musterklammern einstanzen. Den Bärenkopf am oberen Teil des Kleides aufkleben. Den Kragen, die Knöpfe, die Schnauze und die Innenohren plazieren.

Mit den Musterklammern die Arme und die Beine befestigen. Das Verbindungs- und das Zugband anknoten. Zum Schluß das untere Ende des Zugbandes mit mehreren Holzperlen ergänzen.

Bunter Vogel

Die Füße und die Flügel je zweimal, die übrigen Teile jeweils einmal zuschneiden.

Zu Beginn den Schnabel in die runde Aussparung am Kopf kleben.

Anschließend die Beine beidseitig auf dem Vogel anbringen.

Dann die Löcher für die Fäden in den Vogelkörper und in die Flügel einstanzen bzw. einstechen.

Die Flügel mit den Verbindungsfäden am Körper befestigen.

Die Aufhängefäden an den Flügeln anknoten und am Rundholz anbinden.

Auf die beiden Enden des Rundholzes die Holzperlen stecken.

Unten am Zugfaden ebenfalls kleine Perlen anbringen.

Die Wackelaugen plazieren.

Mit Filzstift oder schwarzer Plakatfarbe die Schnabellinie aufmalen.

Zum Schluß dem Vogel eine Schleife aus buntem Geschenkband umbinden.

Flugzeug

Den Stern viermal, den Flügel, das Hinterrad und die Radfelge je zweimal ausschneiden.

Die übrigen Teile je einmal anfertigen.

Zunächst den Schlitz für den Heckflügel mit dem Cutter einritzen.

Dann das weiße Fensterteil in die runde Aussparung vorn am Flugzeug einpassen und verkleben.

Das Motorteil und das große Rad an den zugehörigen Kanten anbringen.
In die Propellermitte ein Loch stanzen und den Propeller auf die Propellernabe am Bug stecken.

Den Heckflügel durch den Schlitz ziehen. Die hinteren Räder beidseitig aufkleben.

Das Flugzeug mit den Sternen dekorieren.

Anschließend die Löcher für die Flügelaufhängung durchstechen und die Flügel mit dem Flugzeugrumpf verbinden.

Die Aufhängefäden durchziehen und diese mit einem Rundholz verknoten.

Die Holzperlen aufstecken.

Das Zugband anbringen und mit kleinen Holzperlen verzieren.

Schneemann

Arme und Knöpfe jeweils doppelt,
die übrigen Teile
je einmal zuschneiden.

Zu Beginn die Hose
auf den Schneemann kleben.

Anschließend die Löcher für die Musterklammern
einstanzen.

Dann die Mütze und die Nase aufkleben.

Die Lochzange auf kleinste Größe einstellen
und in die gelben Knöpfe der Hose jeweils
zwei Löcher stanzen.

Anschließend das Verbindungsband anbringen.

Die Arme befestigen und das Zugband anknoten.

Augen und Mund mit einem
schwarzen Filzstift oder
schwarzer Plakatfarbe aufmalen.

Gute Nacht

Arme und Beine je zweimal, die restlichen Teile je einmal zuschneiden.

Die beiden Ohren werden aus Lederresten gearbeitet.

Um die Ohren plastisch wirken zu lassen, werden die beiden Lederstücke jeweils etwa zur Hälfte eingeschnitten und anschließend die beiden Schnitthälften leicht versetzt übereinander befestigt.

Dann den Bärenkörper Kante an Kante in den Mond kleben.

Die Beine und die Ohren aufsetzen.

Das Gesicht mit den Wackelaugen versehen.

Mit schwarzer Plakatfarbe oder einem Filzstift den Mund und die Nase aufmalen.

Mit einer Nadel die Löcher einstechen und die Arme befestigen.
An der gekennzeichneten Stelle den Aufhängefaden anknoten und am Rundholz befestigen.

Als Abschluß an den beiden Stabenden bunte Perlen aufstecken.
Das Zugband anbringen.
Zum Schluß am Genick des Bären ein kleines Loch einstanzen.
Ein schmales Schmuckband durchziehen und unter dem Kinn zur Schleife binden.

Drache

Die Arme, die Beine, die Flügel und die Nasenlöcher jeweils doppelt zuschneiden, die restliche Teile je einmal ausschneiden.

Am Drachenkörper, den Flügeln und den Beinen die Löcher für die Musterklammern einstanzen.

Zuerst die Haare, die Nasenlöcher und die Arme aufkleben.

Dann die Rückenzacken auf die Schwanz- bzw. Rückenkante kleben.

Die Wackelaugen befestigen und den Mund aufzeichnen.

Das Verbindungsband jeweils zwischen den Flügeln und den Beinen anbringen und diese anschließend mit den Musterklammern befestigen.

Zum Schluß das Zugband mit den Verbindungsfäden verknoten und am unteren Ende einige Holzperlen auffädeln.

Rabe Krax

Die Flügel und die Füße bzw. die Krallen jeweils zweimal, die übrigen Teile je einmal ausschneiden.

Am Rabenkörper und den beiden Flügeln die Löcher für die Musterklammern einstanzen.

Schnabel, Füße und Wackelaugen aufkleben.

Den Schnabel mit schwarzer Plakatfarbe oder einem feinen, wasserfesten Filzstift gestalten.

Das Verbindungsband anknoten, die Flügel mit den Musterklammern am Rabenkörper befestigen und das Zugband anknoten.

Zur Zierde schmales Schleifenband um den Hals des Raben binden.

Als Gewicht für das Zugband eine Perle oder eine kleine Holzglocke auffädeln.

Harlekin

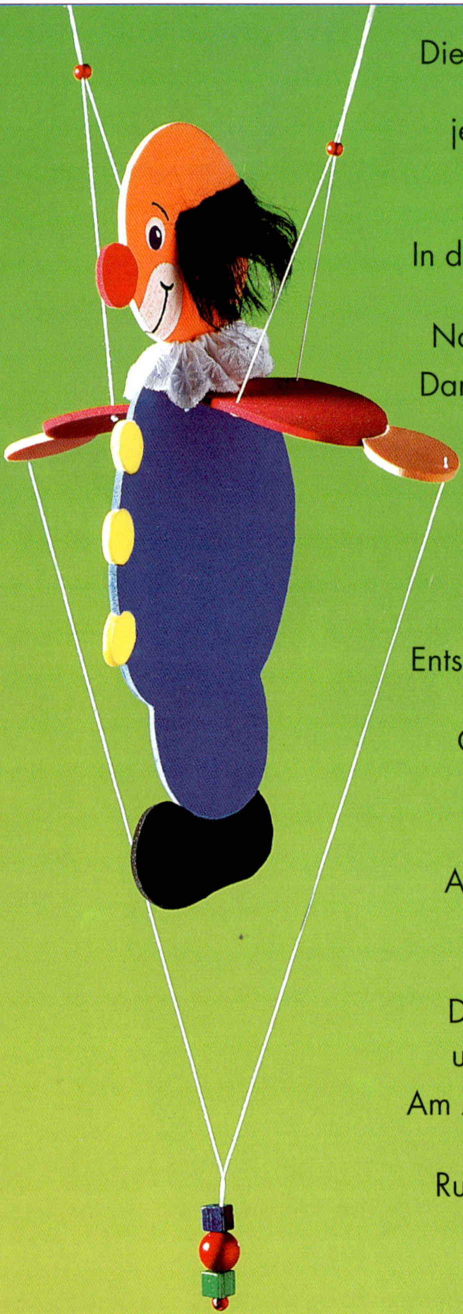

Die Knöpfe dreimal, die Hände und die Arme jeweils doppelt und die restlichen Teile je einmal ausschneiden.

In die runden Aussparungen am Kopf und am Bauch die Nase bzw. die Knöpfe kleben.

Dann den Kopf mit dem Clownkörper verbinden.

Die Hände an den Armen Kante an Kante verkleben.

Ebenso den Schuh Kante an Kante ansetzen.

Entsprechend der Abbildung mit Bastelfarbe das Clowngesicht bunt gestalten.

Aus Fellresten einen Streifen Haare ankleben.

An den markierten Stellen die kleinen Löcher einstechen und die Arme anbringen.

Die Aufhängefäden anknoten und am Rundholz befestigen.

Am Zugband bunte Perlen auffädeln. Die beiden Enden des Rundstabes ebenfalls mit Holzperlen versehen.

Bär im Mond

Den Arm und den Stern jeweils doppelt, die restlichen Teile einfach zuschneiden.

Zunächst die Mütze und den Mond Kante an Kante aufeinanderkleben. Ebenso den Bommel an der Mütze ansetzen. Mit der Lochzange am Bärenkörper und an den Armen Löcher für die Musterklammern einstanzen.

Den Bär aufkleben. Die Schnauze, die Schleife und die Hose plazieren. Dann das Bären- und das Mondgesicht mit weißer und schwarzer Plakatfarbe gestalten. Das Verbindungsband an den Armen anknoten. Nun mit den Musterklammern die Arme befestigen. Zum Schluß das Zugband am Verbindungsband anknoten und an dessen Ende die Sterne dekkungsgleich aufkleben. Sehr dekorativ wirkt es, wenn die Mondmütze noch mit kleinen Punkten verziert wird.

Coco, das Äffchen

Die Arme und die Ohren jeweils doppelt, alle übrigen Teile je einmal zuschneiden.

Zu Beginn das Affengesicht in die Kopfrundung einsetzen und verkleben.

Die Ohren aus Lederresten zuschneiden. Die beiden Lederohren etwa zur Hälfte einschneiden und anschließend die beiden Schnitthälften leicht versetzt übereinander kleben.

Die Ohren am Kopf anbringen. Nase, Mund und Augenbrauen aufzeichnen und das Affengesicht der Abbildung entsprechend gestalten.

Die Löcher einstechen und die Arme am Rumpf befestigen.

Den Aufhängefaden an den Armen und am Rundholz anbringen.

Das Zugband anknoten.

Das Rundholz mit Holzperlen verzieren, das Zugband mit Perlen oder kleinen Metallglöckchen ergänzen.

Für das Halstuch mit der Zackenschere ein Dreieck aus Stoff zuschneiden und dem Affen umbinden.

Damit nach dem Aufhängen der Affe nicht nach hinten umkippt, muß das Gewicht der Schwingfigur im vorderen Teil erhöht werden.
Dazu einfach an der Halstuchspitze ein Metallglöckchen annähen.

Sandmännchen

Schuhe, Arme und Hände doppelt zuschneiden,
die übrigen Teile je einmal ausschneiden.

An den Armen und am Körper mit der Lochzange die Löcher
für die Musterklammern einstanzen.

Die Mütze Kante an Kante am Kopf anpassen.
Den Kopf und die Hose an der Jacke ansetzen.
Die Schuhe an die Hosenbeinkanten kleben.
Die Hände leicht verdeckt unter die Ärmel kleben.
Knöpfe und Nase anbringen.

Das Gesicht mit den Wackelaugen versehen und die
Mundlinie und die Augenbrauen aufzeichnen.

Den Bart und die Haare auf die Ansatzlinien kleben.

Anschließend den Bommel aufkleben und an einer Hand die
Laterne aufsetzen.

Mit der Zackenschere einen Kreis (Durchmesser ca. 7 cm) aus
Stoff für das Sandsäckchen ausschneiden.

In einem Abstand von etwa 0,5 - 1 cm zum Rand hin einen
Faden durchfädeln und zusammenziehen.
Das Säckchen mit etwas Watte ausstopfen und an der
anderen Hand annähen.
Mit einer kleinen Schleife verzieren.
Das Verbindungsband befestigen und mit den Musterklammern
Arme und Beine anbringen.
Zum Schluß das Zugband festknoten und die Perlen auffädeln.

Im frechverlag finden Sie noch viele andere Titel zu unterschiedlichen Themen:

TOPP 2019

TOPP 1802

TOPP 1634

TOPP 2085

TOPP 2066

TOPP 1951